夜空と星の物語

日本の伝説編

The tale of a night sky and stars

三浦市（神奈川県）

日本の夜空には、
物語が輝いている。

浦島太郎は、
夜空にいるのかもしれない。

京都府の物語

✳ すばる（おうし座）など

「これはなんと美しいカメだ……」
昔、島子《しまこ》という美しい男がいました。
ある日、彼は海で５色に輝く大きなカメを釣り上げます。
すると驚くことにそのカメは、美しい乙女に変身したのです。
「私は神の国のもの。さあ、ついてきてください」
乙女に連れられて着いたのは、海の中のきらびやかな御殿。
中では「すばる星」や「あめふり」が噂話をしています。
「この人が亀比売《かめひめ》の旦那さまになるそうだよ」
出会った乙女が、亀比売という姫だと知った島子は、
彼女と御殿で暮らしはじめます。
３年後、彼が故郷へ帰ることを決めると、亀比売は言いました。
「では、この『時の箱』を授けましょう。
これを持っていれば、老いることはありません。
また迎えに行くので、それまで絶対に開けないでください」
島子は箱を受けとってお礼を言い、故郷の浜辺へと戻りました。
しかし、あたりを見渡しても、なぜか知っている人がだれもいません。
不安に思った彼が話しかけると、村人は言いました。
「島子？……あぁ、300年前に若者が消えたって
噂があったらしいけど、その名前が島子だったような……」
それを聞いた島子はとても驚き、
絶望感から「時の箱」を開けてしまいます。
するともくもくと煙が上がり、
彼の姿はあっという間に天へと昇っていったのです。

京丹後市（京都府）

『丹後国風土記』に残る物語で、「島子」は浦島太郎のこと。「すばる星」はすばる（プレアデス星団）、「あめふり」はヒアデス星団をさす。

平安時代の作家・清少納言は、『枕草子』で「星はすばる、ひこぼし、夕づつ……」と表現し、すばる（プレアデス星団）の美しさを讃えている。「ひこぼし」はわし座のアルタイル、「夕づつ」は金星のこと。

その名声は、火星にまで届いていた。

『聖徳太子伝』より

✳ 火星

「今夜はどんな歌を詠もうか」
いまから約1500年前の夏の夜、
土師連八島《はじのむらじやしま》という歌詠みの名人が、
夜空を見上げながら歌を考えていました。
するとどこからともなく突然、美しい少年が現れます。
「私と歌を競いませんか」
子どもからの挑戦を受けては、八島も黙ってはいられません。
「ほう、おもしろい」
こうして2人は歌を詠み合いながら一夜を過ごしたのです。
少年の声はとても美しく、歌も名作ばかり。
最後に彼はにっこり笑って、こう詠んで帰ったのです。
「あまの原 南にすめる 夏火星《なつひぼし》 豊聡《とよさと》に問へ よもの草とも」
これは、天の南の空には夏火星が住んでいる、
私のことは豊聡の王子に聞けば分かる、という歌でした。
すぐさま八島が王子に聞きに行くと、彼はすぐに答えます。
「その子はきっと火星ですね。
火星はときどき、少年に姿を変えて遊んでいるそうです。
その子の歌がうまかったのは、人間ではないからでしょう」
この話を聞いた敏達《びだつ》天皇も、
豊聡の王子がなんでも知っていることに驚いたそうです。
それもそのはず、王子の正体は、聖徳太子だったのですから。

興福寺（奈良県）

「夏火星」は「夏日星」とも書く。火星が夜空で赤っぽく見えるのは、地表にたくさんの酸化鉄を含んでいるため。

日本一有名なデートは、「聞き間違い」から生まれた。

『御伽草子《おとぎぞうし》』より

✳ ベガ（こと座） アルタイル（わし座）

「ずっといっしょにいましょうね」
ある美しい娘が、海に住む海竜王《かいりゅうおう》・天稚彦《あめわかひこ》に恋をしました。
しかし、天稚彦は「急用がある」と言って天へと昇ったまま、
いつまでたっても帰ってきません。
娘は会いたい気持ちを抑えられず、天まで探しに行きました。
さまざまな星に道を聞き、ようやく天稚彦と再会した娘。
すると今度は、彼の父からいくつもの試練を与えられます。
天稚彦の助けもあり、娘がなんとかその難関を乗り切ると、
彼の父は娘を認め、こう言いました。
「仕方ない。でも、2人が会うのはひと月に1度だぞ」
しかし、娘はこう返事をしてしまったのです。
「1年に1度ですか……」
その小さな聞き間違いが、2人の運命を大きく変えます。
天稚彦の父は、わざと訂正せず「そうだ」と言い、
持っていたウリから水を流しはじめました。
それはあっという間に大きな天の川となり、
娘と天稚彦は離ればなれになってしまいます。
こうして2人は、7月7日の夜にしか会えなくなったのです。
いつだって人生の転機は、ほんのちょっとしたことが
きっかけになるのかもしれません。

娘がベガで、天稚彦がアルタイル。この2つの星と、はくちょう座のデネブをつなぐと夏の大三角となる。

野辺山（長野県）

人工衛星
（イリジウム衛星）
プレアデス星団
木星
ヒアデス星団
明けの明星（金星）
月

摩周湖（北海道）

★column

星めぐりと天の川

天稚彦《あめわかひこ》の物語（P16）では、天から戻ってこない天稚彦を探すため、彼を愛する娘が旅に出ます。彼女は天をめぐりながら、ほうき星（彗星）、すばる星（プレアデス星団）、明けの明星（金星）などに、天稚彦の居場所を聞いてまわりました。その様子は、『天稚彦草子』の絵巻に描かれています。

ほうきを持った子どもがほうき星（右下）。7人の子どもがすばる星（中央上）。娘が彼らにたずねても、天稚彦の居場所は分かりませんでした。しかし、最後に出会った明けの明星（左）が、ていねいに道を教えてくれたのです。

無事、天稚彦と再会した娘でしたが、最後は天の川によって離ればなれになってしまいます。2人の間を引き裂いたのは、ウリから水を流して天の川をつくった天稚彦の父。彼の正体は、恐ろしい鬼でした。

天狗平（富山県）

幸せとは、
喜ぶことより、
喜んでもらうこと。

富山県の物語

✳ 隕鉄《いんてつ》

「なんて重いんだ、この鉄は……」
1890年、富山県で2つの鉄が見つかりました。
とても重かったため、当時の農商務省が分析すると、
それが隕鉄（宇宙から落ちてきた鉄）だと分かったのです。
農商務省の大臣であった榎本武揚《たけあき》は、
2つのうちの1つを買い取ります。
そして刀職人に、その隕鉄を使って
流星刀をつくるように命じました。
榎本はかつてロシアで、
皇帝の秘宝の中にあった流星刀を見て、
ひと目ぼれをしていたのです。
やがて刀職人が流星刀をつくり上げると、
榎本は満足そうに言いました。
「見事な仕上がりだ」
そして1898年12月、彼はその流星刀を、
皇太子（のちの大正天皇）に献上したのです。
自分が喜ぶより、大切な人に喜んでもらうこと。
それが一番、幸せなことなのかもしれません。

流れ星が燃え尽きず、地上まで落ちてきたものが隕石。隕鉄はすべての隕石の中の数%しかなく、日本でも少ししか見つかっていない。

流れ星（左上）は、「遊び星」、「走り星」、「星の舞い」などのほか、「星くそ」といった呼び名もある。また清少納言の著書『枕草子』では、「夜ばい星」と表現されている。

山中湖（山梨県）

冬の天の川。夏の天の川ほどはっきりとは見えない。

西穂高岳（岐阜県）

おうし座流星群(中央右)。毎年11月に、おうし座の方向から流れるように見える流れ星のこと。1271年、鎌倉幕府に捕えられた日蓮が首を切られそうになったとき、おうし座流星群が激しく光り、命が救われたという伝説もある。

南房総(千葉県)

桜並木とオリオン座。オリオン座のベテルギウス、こいぬ座のプロキオン、おおいぬ座のシリウスをつなぐと、冬の大三角となる。シリウスは、全星座の中で一番明るい星。

実相寺（山梨県）

鶴居村（北海道）

怠け者を追いかける
星がある。

北海道の物語

✳ 三つ星（オリオン座）　すばる（おうし座）

「少しは仕事をしたらどうだい？」
ある日、6人の怠け者の娘たちに、
3人の働き者の男たちが注意をしました。
しかし、娘たちは言うことを聞きません。
怒った男たちは、娘たちを追いかけはじめました。
娘たちは川まで走り、6人で一斉に舟をこいで逃げ出します。
男たちも舟で追いかけましたが、3人では追いつけません。
その様子を空から見ていた神様が、娘たちに言いました。
「怠け者たちよ！　おまえたちは小さくかたまっておれ！」
すると、娘たちは夜空に引き上げられて小さな星となり、
一カ所にまとめられてしまったのです。
神様はつづけて3人の男たちに言いました。
「おまえたちは、みんなのお手本として3つの星にしよう」
こうして3人は、仲よく並んで輝く三つ星となりました。
一カ所にかためられた娘たちは「すばる」と呼ばれ、
いまでもオリオン座の三つ星に追いかけられています。

この物語では、6人の娘がすばる（プレアデス星団）の星になったとされているが、実際は100以上の星の集まり。夜空では、オリオン座がすばるを追うように動く。また、これと似たような物語がアラスカにも残っている。

★column

オリオン座を「もの」にたとえると？

冬の星座の代表格であるオリオン座は、
古くから人々に親しまれ、身近なものにたとえられています。

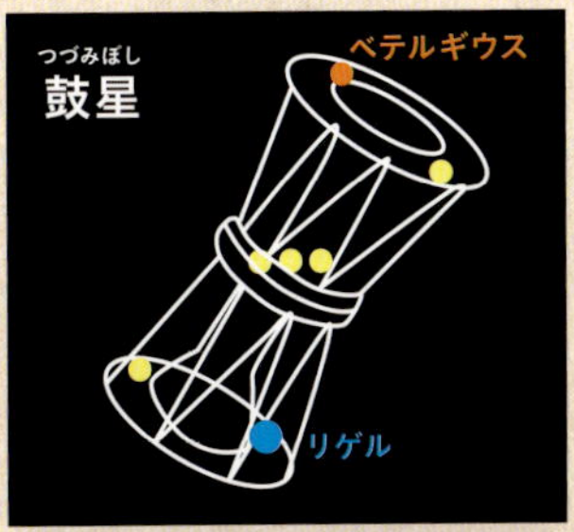

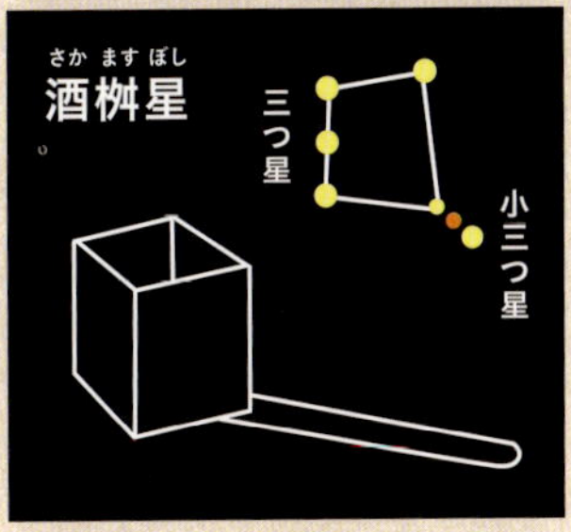

三つ星と外側の4つの星をつなぐと「鼓星」。
三つ星と小三つ星などをつなぐと「酒桝星」。

オリオン座の4つの星を四角に結ぶと、「四つ星」とも呼ばれる。

乗鞍岳（長野県）

いて座の一部である南斗六星。このうちの4つを結ぶと、「箕星（みぼし）」とも呼ばれる。「箕（み）」は農具の1つで、不必要な殻やチリを振り分けるのに使う。

南房総（千葉県）

天の川の左に見える南斗六星。この写
真の中で一番明るい星は火星。

四谷の千枚田（愛知県）

右側に北斗七星が輝く。

大正池（長野県）

北斗七星と北極星。北斗七星はおおぐま座の一部で、北極星はこぐま座の星。宮沢賢治の『星めぐりの歌』では、北斗七星からの北極星の見つけ方が描かれている。

古殿町（福島県）

愛西市（愛知県）

女神はきっと、
あなたを見ている。

北海道の物語

✳ アルタイル（わし座）

「お母さんを、どうかこの世に戻してください」
ある日、怠け者の兄と働き者の弟が、
病気で死んでしまった母を思い、天に祈りました。
すると、2人の前に現れたのはみすぼらしい姿のおばあさん。
「この人が、お母さんを救ってくれるに違いない」
そう思った兄弟は、ていねいにおばあさんをもてなします。
やがておばあさんは、2人にこう言いました。
「私を川の向こうまで連れていってくれたら、
お母さんに会わせてあげよう」
兄弟は大喜びで、おばあさんを舟に乗せてこぎ出します。
しかし、いくらこいでも舟は向こう岸に近づきません。
それどころか、岸がどんどん遠ざかっていくのです。
「こんなこと、やってられるか！」
怠け者の兄は、あきらめて舟の上に寝転んでしまいました。
一方、弟はお母さんに会うために一生懸命こぎつづけます。
すると、おばあさんは急に弟を抱きしめて言いました。
「さあ、いっしょにおいで」
そして舟を離れ、弟といっしょに天へと昇っていったのです。
舟に残された兄は、そのまま川に流され、
地獄に落ちてしまいました。
耐え抜く者を救い上げ、手を抜く者に罰を与える。
おばあさんの正体は、
2人の暮らしをずっと見ていた女神だったのです。

天に昇ったおばあさんは、アルタイルとなった。その上にある
明るい星が弟、下にある暗い星が兄だと言われている。

美瑛町（北海道）

夏の大三角。

串本町・橋杭岩（和歌山県）

美ヶ原（長野県）

上市町・早月川（富山県）

column 星空を詠む

日本には、昔から数多くの星にまつわる短歌や俳句などが残っています。

荒海や　佐渡によこたふ(う)　天の河
松尾芭蕉

天の川　そひ(い)ねの床の　とばりごしに
星のわかれを　すかし見るかな
与謝野晶子

ところてん　逆《さか》(さ)しまに銀河　三千尺
与謝蕪村

人並や　芒《すすき》もさわぐ　ははき星
小林一茶

※「ははき星」とは「ほうき星」、つまり彗星のこと。

生月島（長崎県）

蔵王山 刈田岳（宮城県）

会いたい人は、いつも心の中にいます。

宮城県の物語

✳ ベガ（こと座）　アルタイル（わし座）

「さあ、いっしょに遊びましょう」
江戸時代、徳川家には振姫《ふれひめ》という美しい姫がいました。
彼女と大の仲良しだったのが和子姫《かずこひめ》。
2人はいっしょに、御所の女官から折り紙細工を習っていたのです。
しかし、振姫が仙台に嫁《とつ》ぐことが決まり、
2人は別れることになってしまいます。
ある夜、振姫は和子姫を御殿に呼び、涙をこらえて言いました。
「私がここを離れても、永遠に会えないわけではありません。
あなたは彦星。私は織女《しょくじょ》。
きっと彼らと同じように年に1度、七夕の夜に会えるでしょう」
そう言い残して、仙台へと旅立った振姫。
彼女は到着してすぐに、美しいカササギの折り紙を折りはじめます。
そして年に1度、七夕の夜にお祭りを開くようになったのです。
振姫は毎年その日がくると、夜空を見上げながら、
かつて女官に教えてもらった言葉を小さくつぶやきます。
「カササギが、織女を彦星のもとへ連れていく」……と。

ベガ（織女）は0等、アルタイル（彦星）は0.8等の明るさ。2つの星の間を天の川が流れる。

★column　もう1つの物語

仲間が1人いるだけで、人生はぐっと輝く。

宮城県の物語　✳ 月　星

あるところに、仲よしのお月とお星がいました。しかし、お月は母に嫌われていました。そしてある日、母はお月を山奥に連れていき、埋めてしまったのです。お月はその途中、母に見つからないようにケシの種をまきつづけていました。お月が母に連れ去られることを知ったお星が、「道に種をまけ」と言っていたからです。春になると、お月が通った道にいっぱいの美しい花が咲き乱れました。お星はその花をたどって山奥まで進み、埋められたお月を見つけます。お月は痩せていたものの、生きていたのです。「このまま帰っても殺されるだけだから、どこかに行こう」。お星はそう言うと、お月と手をつないで空に昇りました。こうして2人は、お月さまとお星さまになったのです。

つつじと月暈（げつうん・つきがさ）。
月暈とは、月のまわりに光の輪が見える現象のこと。

長寿ヶ丘公園（熊本県）

甑島（鹿児島県）

不思議なことはいつも、満月の夜に起こるという。

鹿児島県の物語

✳ 月

「すっかり遅れてしまったな」
1人の若者が、小さな道を急いで走っていました。
村では8月の満月の夜、みんなでお月見をする習慣があったからです。
ふと顔を上げると、夜空にはまぶしいほどの満月が輝いています。
その光景に見とれた彼は足を止め、腰から笛を抜いて吹きはじめました。
やがて若者は、体が少しずつ冷たくなっていくのに気づきます。
すると目の前に、見たこともないほどの美しい娘が立っていたのです。
「あなたの笛の音に聞きほれてしまいました。私の家までいらっしゃいませんか」
そう言う娘に、少し不安に思いながらもついていく若者。
娘は大きな岩の前で足を止め、手招きしながら言いました。
「ここが私の家です。さあ、どうぞ中へ」
彼女に連れられて岩をくぐると、美しい女性たちが出迎えます。
しばらくして、たくさんのごちそうやお酒が運ばれてきました。
すっかり酔っぱらった若者は、そのまま眠ってしまいます。
それからどれくらい時間が経ったことでしょう。
彼は満月が西に傾いているのに気づき、急に我に返ります。
そして、ここにきた証《あかし》として部屋にあった書物をこっそり盗み、
追いかけられないよう、娘の布団に刀を刺して逃げ出しました。
その後、若者は必死で走りつづけ、体がほてってきたころ、
やっと自分の家にたどりついたのです。
それは彼が美しい娘に出会ってから、17日も経った日のことでした。
また、持ち帰った書物の文字は、どんな学者も読めなかったそうです。

備中国分寺（岡山県）

岐阜城（岐阜県）

城の左に見えるのは北斗七星。

松本城（長野県）

瀬戸大橋（岡山県）

「運」と「縁」で、人生は大きく変わる。

瀬戸内海の物語

✳ 北斗七星(おおぐま座)　北極星(こぐま座)

「明日は川に舟を浮かべて競争するから、舟を持ってきてください」
ある日、村の寺子屋の先生が、
裕福な家の7人の息子たちと、貧乏な家の息子に言いました。
家に帰った貧乏な家の息子が、舟を用意できずに泣いていると、
偶然お坊さんが通りかかり、板と粘土で舟をつくりはじめます。
次の日、貧乏な家の息子がそれを川に浮かべて競争に挑むと、
ほかの舟を抜いてぐんぐん進み、
なんと一等賞になってしまったのです。
翌日、先生はこんな課題を出しました。
「今度は鳥を描いた扇子《せんす》を持ってきてください」
貧乏な家の息子はお金がないのでなにもできません。
するとまた、あのお坊さんが通りかかり、
ぼろぼろの扇子をはり合わせて、ニワトリを描いてくれたのです。
次の日、貧乏な家の息子がそれを持っていくと、驚くことが起こります。
「コケコッコー」
扇子の中のニワトリが鳴いたのです。
「ずるいぞおまえ！」
舟につづき、2回も主役の座を奪われた裕福な家の息子たちは、
怒って貧乏な家の息子を追いかけはじめました。
彼らはどこまでも追いかけつづけ、
やがてみんな星になってしまいます。
お坊さんと貧乏な家の息子の偶然の出会いによって、
子どもたちはずっと、夜空で暮らすことになってしまったのです。

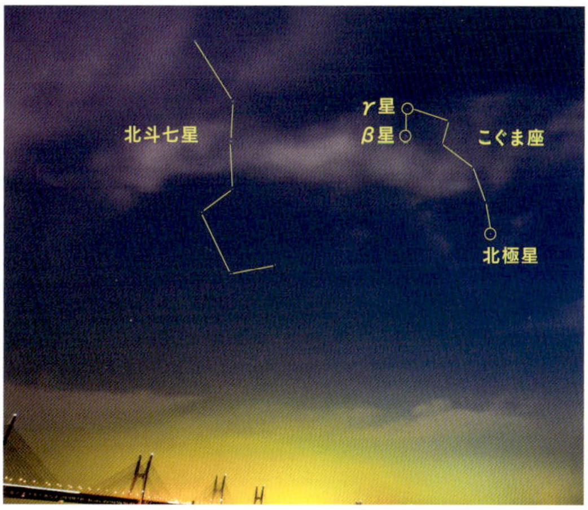

裕福な家の7人の息子たちは北斗七星、貧乏な家の息子は北極星。北斗七星と北極星の間にあるこぐま座のβ星とγ星が、怒った裕福な家の息子たちを止めようとした先生だと言われている。

北斗七星（左上）と北極星（桜の上の明るい星）。

三春の滝桜（福島県）

夜空の星は、時間とともに北極星を中心にまわっていく。

三春の滝桜（福島県）

夜空の星は北極星を中心にまわるように見えるが、実は北極星もほんの少しだけ動いている。江戸時代、家で夜なべ仕事をしながら、破れた障子の穴を通して北極星を見ていた女性が、時間が経つにつれて動くことを発見した、という物語も残っている。

唐松岳（長野県・富山県）

だれかをだませば
だまされる。
世の中の常でした。

瀬戸内海の物語

✳ さそり座

「お母さんはまだかなぁ……」

ある日、兄、妹、そして赤ん坊の3人が、

機《はた》織《お》りの仕事に出かけたお母さんの帰りを待っていました。

夕方、家の戸をトントンと叩く音が聞こえてきます。

「帰ってきたよ、戸を開けておくれ」

「お母さん、お帰りなさい!」

兄がうれしそうに戸を開けると、そこにいたのはなんと鬼ババ。

鬼ババは彼らに飛びかかり、まず赤ん坊をバリバリと食べはじめたのです。

兄と妹はびっくりして外に逃げ出し、桃の木に登って隠れましたが、

鬼ババはすぐに2人を見つけ、ガリガリと木を登り出します。

備中国分寺（岡山県）

「どうか私たちを助けてください」
涙を浮かべた兄妹が必死で天に祈ると、鎖《くさり》が天から降りてきました。
２人がつかむと、鎖はスルスルと天へと戻っていきます。
鬼ババはくやしがり、２人の真似《まね》をして祈りました。
「どうか私を助けてください」
同じように綱《つな》が降りてきたので、鬼ババはガシリとつかみます。
しかし、途中でプツリと切れてしまい、真下に落ちてしまいました。
天から鬼ババに降りてきた綱は、ボロボロの古い綱だったのです。
子どもたちをだまし、天にだまされ命を落とした鬼ババ。
一方、助かった兄妹は天へと昇り、２つの星となったのでした。

さそり座の尾の部分にある2つの星が、兄と妹だと考えられ、「きょうだい星」と呼ばれている。さそり座の右にある明るい星は火星。

中央右に輝く明るい星は、こと座のベガ。

上高地（長野県）

吉賀町（島根県）

世の中は、
理不尽でできている。

島根県の物語

✳ ベガ（こと座）　アルタイル（わし座）

「それじゃあ、行ってくるよ」
出雲《いずも》の国のある神様に、3人の息子がいました。
その末っ子・さんばんが、インドのお姫さまと結婚するため、
出雲の国を旅立つことになったのです。
インドに着いたさんばんは、さまざまな仕事を与えられます。
山や谷の草を刈り、それを燃やして灰にし、種をまく過酷な日々。
明日からは、田んぼに川の水を入れる作業です。
お姫さまはさんばんを思い、梅漬けを3つ持たせて言いました。
「この梅漬けを食べれば、疲れがとれますよ。
でも、ほかの人には絶対にあげないでくださいね」
さんばんはうなずき、梅漬けを大切にしまって仕事に出ます。
しかし、お昼にさんばんが弁当箱を開けた瞬間、
隣にいた男に梅漬けを1つとられてしまったのです。
男は悪びれもせず、笑いながら梅漬けを口に入れてこう言いました。
「いいじゃないか、1つぐらい」
すると突然、川の堤防が破れ、すさまじい洪水が起こります。
そしてあっという間に、さんばんは川の東側に、
お姫さまは西側に分けられてしまいました。
たった1つの梅の実が、夫婦の仲を引き裂いたのです。
その川は1年に1度、水が干上がるので、
さんばんはその日だけお姫さまに会いにいきます。
それが7月7日の夜、七夕なのです。

ベガやアルタイルは夏の星座の星。夏の星座とは、夏の20～21時頃、南の空に見える星座のこと。

福江島（長崎県）

だれにも、「あの人」を思い出す曲がある。

長崎県の物語

✳ 月

「なんと美しい音だろう」
月の明るい10月17日の夜、年貢を納め、
故郷へ戻る船に乗っていた村人たちは、
頭上から聞こえてくる音色に聞きほれていました。
庄屋の男・松崎平衛門が、船室の屋根の上で、
得意の笛を吹きはじめたのです。
しかし、港が近づくにつれて人々は故郷のことが気になり、
笛の音が少しずつ遠ざかっていることに
だれも気づきませんでした。
やがて港に着くころ、1人の男が思い出したようにつぶやきます。
「あれ？ 平衛門さんは？」
いつの間にか、平衛門が屋根の上から姿を消していたのです。
男たちが船の中を探しても見つかりません。
ただ、海の遠くのほうで、かすかに笛の音が聞こえます。
「平衛門さーん！」
いくら呼んでも平衛門は見つからず、
それから彼は二度と戻ってこなかったのです。
その年末、平衛門の妻は、彼がそばに立っている夢を見ます。
「わしは竜宮城に招かれておる。
月夜に笛の音が聞こえたら、
それはまだわしが生きている証《あかし》じゃ」
こう言い残すと、夢の中からも消えてしまいました。
それからというもの、月の明るい夜に海辺に出て、
しばらくするとホッとした表情で家に戻る……
村ではそんな平衛門の妻の姿を、
よく見かけるようになったそうです。

★column もう1つの物語

「嫌い」は「恨み」を生む。「恨み」は「後悔」を生む。

新潟県の物語 ✳ 月

佐渡市（新潟県）

ある娘が、庄屋の男と結婚をしました。しかし、しばらくするとなぜか顔を見るのもいやになるくらい、夫が嫌いになってしまったのです。ある日、娘が村の外れにいる占い師のおばあさんに悩みを打ち明けると、おばあさんはこう言いました。「月夜に機《はた》を織り、それをさらし、縫い上げ、夫に着せなさい」。娘は言われた通り、月夜に美しい着物を縫い上げ、夫に着物を着せました。すると夫は悲しそうに立ち、しばらく月を見上げたあと、もくもくと煙のように姿を消してしまったのです。驚いた娘が再びおばあさんを訪ねると、おばあさんはこう言いました。「月夜の丑三《うしみ》つ時《どき》、村外れの道に立っていなさい」。娘が言われた通り月夜の丑三つ時、道に立っていると、月の光の中から白く透き通る人影が近づいてきます。娘は鳥肌が止まりません。それが、娘のつくった着物を着た夫だったからです。彼はうらめしそうな顔をしながら、こうささやきます。「月の夜ざらし 知らで着て いまは夜神の 供をする」。そしてまた、暗闇の中に消えていってしまったのです。

福岡県には、月の美しい夜、小舟の上で夫が笛を吹き、妻がその音色に合わせて踊り、そのまま2人とも消えてしまった、という物語が残っている。

桜井二見ヶ浦（福岡県）

飯田高原（大分県）

八ヶ岳（長野県）

column

平家星と源氏星

オリオン座の中でも特に明るいのが、赤く輝く0.5等のベテルギウスと、白く輝く0.1等のリゲル。ベテルギウスが赤いのは表面の温度が低く、リゲルが白いのは温度が高いためです。この色の違いを源平合戦の旗に見立てて、ベテルギウスを赤旗の平家と考え「平家星」、リゲルを白旗の源氏と考え「源氏星」と呼んでいた地域もあります。

いすみ市（千葉県）

うかん常山公園（岡山県）

守りたい人がいるから、今日も明るくいられます。

千葉県の物語

✳ カノープス（りゅうこつ座）

「なんて悲しいことだろう……」
江戸時代、南房総に西春《さいしゅん》という僧がいました。
20歳になる前から各地をまわり、
30歳の頃、南房総に戻った西春。
そのとき彼は、地元の漁師たちが
荒れる海で何人も遭難していることを知り、
あることを決心します。
自分が漁師たちの身代わりとして生き埋めとなり、
彼らの無事を祈ろうとしたのです。
西春は埋められる前に、人々に語りかけました。
「私は死後、危険を知らせる星となる。
南の低い空に星が出たら、嵐が起きる前兆だから、
その日は漁に出るのをやめなさい」
こうして彼は地面に掘られた穴の中へと入り、
みずから命を絶ったのです。
しばらくして、南の低い空に星が現れました。
それを見た漁師たちは西春の教えを守り、
その日は船を出しません。
次第に、海は荒れはじめます。
こうして南の低い空に星が現れるたびに、
漁師たちは西春のことを思い出し、感謝するのでした。

カノープスは、全星座の中で二番目に明るい星（一番明るい星座の星はおおいぬ座のシリウス）。日本からは冬の地平線沿いにしか見られないため、大気の影響などでやや暗く見える。

美星町 (岡山県)

流れ星の正体は、神様の使者でした。

岡山県の物語

✳ 流れ星

「あっ、流れ星！」
村人たちは、夜空を見上げて声を上げました。
星と星の間を、ひとすじの光がスーッと流れていったのです。
驚くことにその流れ星は、消えるどころか、だんだん明るくなっていきます。
村へと近づいてくる流れ星を見て、村人も騒ぎはじめました。
「まさか…… 落ちてこないだろうな」
村人がつぶやいたその瞬間、光は鋭く輝きながら3つに分かれ、
それぞれ別のところに流れ落ちていったのです。
あまりにも神秘的な光景に、言葉を失う村人たち。
しばらくして彼らは、3つの神社を建てました。
「村に降り注いだ流れ星は、神様の使者だ」と考えたからです。
それからというもの、村人たちは神社を厚く信仰します。
「星の郷」
この地はやがて、そう呼ばれるようになったのです。

3つの神社とは、星尾神社、高星神社、明神社。この物語が残る美星町（岡山県）では、現在も星にまつわるイベントを数多く開催している。

すさみ町（和歌山県）

一番魅力的な人は、「謎多き人」かもしれない。

大阪府の物語

✳ カノープス（りゅうこつ座）

「まさか……」
室町幕府の将軍の遠縁・足利義近は、
足もとを見て思わずつぶやきます。
ある夜、彼は南の海の上に現れた大きな星が、
家の前にある桐の枝の間で止まって光る、という夢を見ました。
すると翌朝、桐の木の下に捨て子がいるのを見つけたのです。
義近は、ニコニコと笑いつづけるその子を「星之助」と呼び、
みずから育てることにしました。
「この子は南極老人星（カノープス）の生まれ変わりかもしれない」
昨日みた夢を思い出し、こう思ったからです。
星之助が大きくなったある日、義近はかつての夢の話を伝えました。
しかし、星之助は笑ってなにも答えません。
やがて出家した星之助は、僧名を「天海」と名乗りはじめます。
その後、徳川家康の信頼を得て、
家康、秀忠、家光と3代に渡って仕えつづけた天海。
その間も、彼は自分の生まれについて、
だれにも語ることはありませんでした。
そして1643年、天海は108歳の生涯を終え、
その謎は永遠に明かされぬこととなったのです。

カノープスは、中国では古くから「南極老人星」と呼ばれていた。また、天海は『本能寺の変』の混乱後も生き延びた明智光秀である」という説もある。

燕岳（長野県）

希望も絶望も、教えてくれたのは星でした。

『平治物語』より

✳ 木星　みずがめ座

「信西《しんぜい》さまは、まるでこの世の主のようだ」
後白河上皇の院政の時代に、信西という僧がいました。
彼は、「院政の黒幕」と噂されるほど上皇のお気に入りで、
大きな権力を握っていました。
そんな信西と対立していたのが、中納言の藤原信頼。
信頼は1159年12月9日の深夜、
院の御所や信西の館を夜討ちしようと決心します。
しかし、信西はその反乱を見破っていました。
9日の正午頃、太陽のまわりに白い虹のようなものを見つけ、
「夜討ちがある」と占っていたのです。
さらに信西は逃げる途中、木星がみずがめ座の方角にあることや、
昼間に金星が見えることに気づきます。
「これは忠臣が君主に代わって死ぬ予兆だ」
そう占った信西は、後白河上皇の身代わりとなって死ぬことを決断。
星が示す運命を静かに受け入れた信西は、
大きな穴を掘り、みずから生き埋めとなったのです。
それは天にも昇る勢いを持っていた男が、地に落ちた瞬間でした。

みずがめ座は秋の星座。信西は生き埋めになったあと、信頼の追手によって掘り返され、首を切られたとされている。

信西の物語（P87）にも出てくる白虹（はっこう）。日暈（にちうん・ひがさ）とも呼ぶ。

十日町市（新潟県）

朝焼けの中の明るい星は金星（中央左下）。金星は、地球との距離の変化などによって、明るさも変わる。そのため明るいときは、信西の物語（P87）にもあるように、昼間に見えることもある。

真鶴町（神奈川県）

この写真で一番明るい星は金星。その
左下の水平線には、細い月が見える。

いすみ市（千葉県）

傘をさすのは、人間だけではありません。

高知県の物語

＊ 月

「あぁ！ せっかくつくったのに！」
傘づくりの仕事をしていたおつねさんは、
干していた傘が強い風に飛ばされるのを見て、必死に手を伸ばしました。
なんとか傘をつかんだものの、風はさらに強まり、
彼女はそのまま空高く飛ばされてしまいます。
おつねさんが飛ばされた先は、なんと月の世界。
まんまるのお月さまが笑顔で迎えて言いました。
「ようこそ月の世界へ。どうぞゆっくりしていってください」
おつねさんはお月さまの言う通り、しばらく月の世界で暮らすことにしました。
月の世界でも傘をつくりつづけたおつねさん。
しかし、次第に故郷が恋しくなります。
「いままでお世話になったお礼に、これを置いていきますね」
お月さまにそう告げると、彼女はプレゼントを置き、故郷へと帰っていきました。
おつねさんが置いていったのは、月の世界でつくった傘。
雨の日に月が見えなくなってしまうのは、
お月さまが彼女のつくった傘をさし、隠れてしまうからなのです。

室戸岬（高知県）

月で生まれ、
地球で愛されています。

北海道の物語

✳ 月

「さあ、雪合戦だ！」
それは、大昔の月の世界でのこと。
たくさんの王子が1つの場所に集まり、
雪を投げ合って遊んでいました。
その途中、夢中で投げた雪の玉の1つが、
地球へ落ちてしまいます。
このままだと雪の玉は太陽の光を浴び、
溶けてしまうかもしれません。
その様子を見ていた神様は、こう考えました。
「きれいな雪が溶けてしまうなんてもったいない」
そして地球に落ちた雪の玉に、顔と長い耳、
４本の足としっぽをくっつけたのです。
こうして生まれた動物が、ウサギでした。
彼らが白くてふわふわした愛らしい姿なのは、
月から落ちてきた雪の玉だったからなのです。

知床（北海道）

すばる（プレアデス星団）は、肉眼では6つの星に見えることから「六連星（むつらぼし）」とも呼ばれる。

えりも町（北海道）

V字型をしているヒアデス星団は、「つりがね」や、『日本書紀』などに登場する猿田彦大神（さるたひこのおおかみ）の顔に見立てられることもある。

白川郷（岐阜県）

いまの日本を、
夜空で憂いている
かもしれない。

明治時代の噂話より

✳ 火星　土星

「西郷の軍が東京に攻めてくるぞ」
「いや、彼は外国に逃げ延びたのかもしれない」
西郷隆盛が九州で明治政府に反乱を起こした西南戦争。
その決着が着こうとしていた1877年8月ごろのこと。
人々の間では、さまざまな噂が飛び交っていました。
そんなある日、南の空を見上げた人々が、星を見つけて叫びます。
「あの赤い大きな星は……まさか西郷さんが星に化けて出たのでは！」
「あっちは九州の方角だから……そうだ、西郷星だ！」
さらに人々は、そのすぐそばに輝く星にも目を向けます。

千畳敷（和歌山県）

「隣に輝いているのは、西郷さんの側近・桐野利秋だ！」
西郷星と桐野星の出現に、人々は大騒ぎ。
実は1877年8月から9月にかけて、火星が地球に大接近し、
いつもよりさらに明るく輝いていたのです。
火星の近くに輝いた星は、土星だと考えられています。
結局、戦に破れ命を落とした西郷隆盛と桐野利秋。
もし2人が本当に星になっていたとしたら、
どんな気持ちでいまの日本を見下ろしているでしょうか。

当時、あまりにも人々が騒いだため、東京帝国大学の外国人教授が「火星が大接近しているからで不思議な現象ではない」と新聞で発表したと言われている。

一番明るく写っている星は火星。その左下の明るい星はさそり座のアンタレス。アンタレスは、地域によって「酒酔い星」と呼ばれることもあった。

北杜市（山梨県）

東峰村（福岡県）

佐久市（長野県）

うれしいことは、ある日突然、降ってくる。

山形県の物語

✳ 隕鉄《いんてつ》

「ん？ なんだこれは？」
ある日、山に薪《たきぎ》を取りに出た与八郎は、
掘り返していた松の木の下であるものを見つけます。
錆びついた鉄くずです。
与八郎がそれを持ち帰ると、妻はかんかんに怒りました。
「鉄くずなんてなにも使えないじゃないか」
しかし、それからしばらくして、
与八郎の家にやってきたおばあさんが言いました。
「その鉄くずを米一俵と交換してくれないかね？」
与八郎と妻は大喜びで、鉄くずをおばあさんに渡します。
鉄くずを持ち帰ったおばあさんを見て、
今度はおばあさんの家の人々があきれ顔。
そんなことは気にせず、おばあさんは孫の幸太郎に言いました。
「これはきっと役に立つから大事にしなさい」
それから50年後、おじいさんになった幸太郎は、
ふと鉄くずのことを思い出し、その分析を依頼しました。
すると、この鉄くずは隕鉄であることが判明。
国立科学博物館に200万円で買い取られたのです。
資金不足に悩んでいた幸太郎は大喜び。
空から降ってきた鉄くずは、
めぐりめぐって人々の幸せを生んだのでした。

この物語の隕鉄は、発見された場所（写真とは別）にちなんで「天童隕鉄」と呼ばれる。

月山（山形県）

北斗七星と北極星。

男体山（栃木県）

ヤシの木の上に輝く北斗七星。

下阿蘇海岸（宮崎県）

シラビソの木の上に輝く北斗七星。

北横岳（長野県）

とっさに選んだのは、恋愛より、母性愛でした。

沖縄県の物語

✳ 北斗七星（おおぐま座）

「私と結婚してください」
夜空に輝く七つ星の一番上の娘が、天から地上へと降り立ち、
地上のある男と結ばれ、１人の男の子を授かりました。
しかしある日、天のお城にいた別の男が、あることに気づきます。
「あれ？　七つ星の一番上の星が足りないぞ」
その男はあちこち探しまわり、
ついに娘が地上にいることを見つけ出したのです。
男から天に戻るよう告げられた娘は、次の日の夜、
眠っている幼い息子の顔を見て泣きながら言いました。
「お母さんはね、実はお空にある七つ星の娘なの。
もう戻らなければなりません……どうか許しておくれ」
こうして闇夜に浮かび上がり、最後にそっと下を見ると、
なにも知らずにぐっすりと眠る息子の顔が小さく見えます。
娘の目からは、涙が止まりません。
思い直した彼女は、再び家に戻ります。
そして息子を抱き、天へと昇っていったのです。
天に戻った娘は、お城の者たちに言いました。
「私は人間と暮らしてしまった星です。
もう一番上で輝くことは許されないでしょう」
こうして、彼女は七つ星の二番目の星として輝くようになりました。
もちろん、そのすぐそばには、小さな星が1つ輝いています。

北斗七星の上から二番目の星の右側に、小さな星が写っている。また、北斗七星の2つの星の距離（写真青線）を5つ分ほど伸ばすと、北極星が見つかる。

石垣島（沖縄県）

沖縄には、地上の男と結婚した天女が、子どもと夫を残して星空へ帰ってしまう物語も残っている。

石垣島（沖縄県）

霧ヶ峰（長野県）

Photographers

Cover　前田徳彦
P1　杉 大介
P2　前田徳彦
P6　金子修子
P8　今井多佳子
P10　杉 大介
P12　田代美佳
P14　鳥羽聖朋
P16　前田徳彦
P18　菊地秀樹
P19　Museum fur Asiatische Kunst, SMB / bpk / amanaimages（上下）
P20　中川達夫
P22　鈴木祐二郎
P24　今井多佳子
P25　鈴木祐二郎
P26　菊地秀樹
P28　菊地秀樹
P29　鳥羽聖朋（下）
P30　内山しおり
P32　鈴木祐二郎
P34　竹下育男
P35　宮川 正
P36　前田徳彦
P38　杉 大介
P40　棚瀬謙一
P42　古勝数彦
P44　新庄ひろ美
P45　中川達夫（上）島村直幸（下）
P46　西田伸也
P47　中川達夫（下）
P48　長浜ユカリ

日本星景写真協会（ASPJ）

プロ・アマを問わない全国の星景写真家の情報交換・相互交流の場として2005年設立。「風景写真 / ネイチャーフォト」と呼ばれる既存の写真分野の中に「星景写真」という新しいジャンルを築いていくことを目指して、星景写真展の全国巡回、写真集の出版協力などの事業を展開している。また、総会や懇親会、各地で催される撮影会など、メンバーの相互研鑽・交流のための事業も行っている。

http://aspj.jp

P50　竹之内貴裕
P52　船橋弘範
P53　銭谷智明
P54　岩倉義雄
P56　船橋弘範
P58　安田幸弘
P59　安田幸弘
P60　奥田大樹
P62　船橋弘範
P64　鳥羽聖朋
P66　奥田大樹
P68　福迫一良
P70　竹之内貴裕
P71　中川達夫
P72　榎本正和
P74　鈴木祐二郎
P76　島村直幸
P77　関口俊夫
P78　豊田紀子
P79　船橋弘範
P80　鈴木祐二郎
P82　鳥羽聖朋
P83　船橋弘範（上）
P84　鳥羽聖朋
P86　大西浩次
P88　池田晶子
P90　渡部 剛
P92　鈴木祐二郎
P94　鳥羽聖朋
P96　中川達夫
P98　棚瀬謙一
P100　杉 大介
P102　鳥羽聖朋
P104　菊地秀樹
P106　榎本正和
P107　豊田紀子
P108　中川達夫
P110　田中陽介
P112　島村直幸
P113　安田幸弘
P114　菊地秀樹
P116　菊地秀樹
P117　大西浩次
P118　栗林由美子
P120　船橋弘範
P122　安田幸弘
P126　服部完治

備中国分寺（岡山県）

主要参考文献

『星と伝説』　野尻抱影（偕成社）

『チロの星空カレンダー』シリーズ　藤井 旭（ポプラ社）

『日づけのあるお話 365日』シリーズ　谷 真介（金の星社）

『星の神話伝説集』　草下英明（文元社）

『星と暮らす。一星を知り、その輝きとともに』　藤井 旭（誠文堂新光社）

山中湖（山梨県）

多摩六都科学館

「最も先進的」としてギネス世界記録に認定されたプラネタリウムがある科学館。
スタッフによる生解説の投影が人気を集めている。
観察・実験・工作などの教室が毎日開催される展示室内の「ラボ」も特徴の1つ。

開館時間　9：30 ～ 17：00
休 館 日　月曜日（祝日の場合は開館し翌日）、祝日の翌日、年末年始、保守点検等、臨時休館あり。
アクセス　西武新宿線 花小金井駅から徒歩18分。バスで6分。
http://www.tamarokuto.or.jp/

各季節の夜空

※惑星・月は表示していません

4月中旬
20時頃
東京の星空

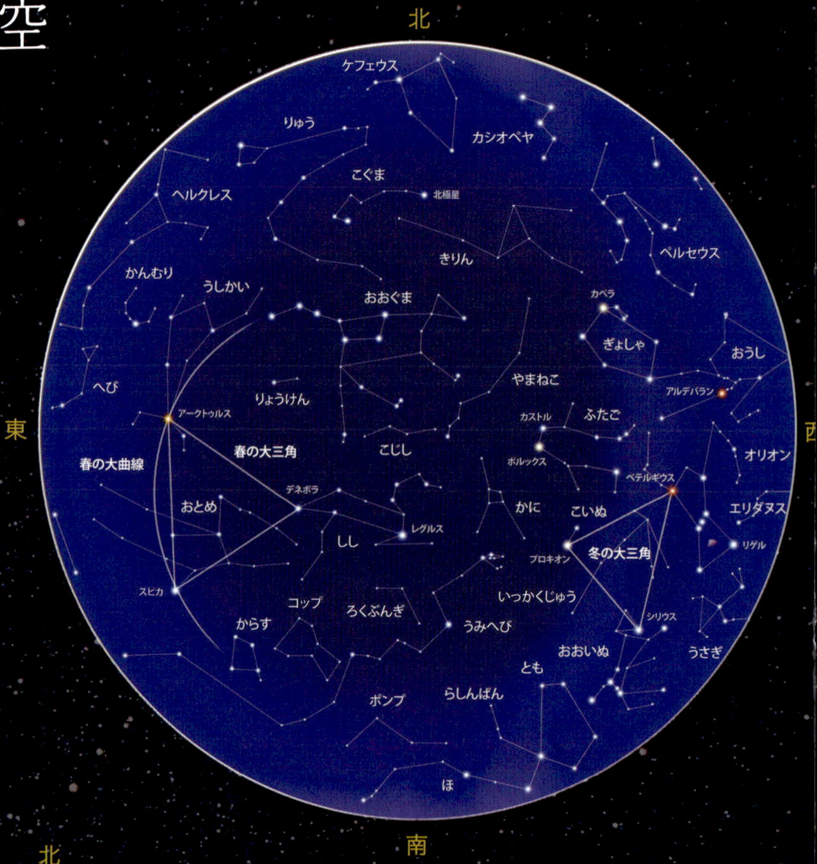

7月中旬
21時頃
東京の星空

10月中旬
20時頃
東京の星空

1月中旬
20時頃
東京の星空

提供 国立天文台

夜空と星の物語　日本の伝説編

2016年11月13日　初版第1刷発行

編著
森山晋平（ひらり舎）

写真
日本星景写真協会（星景写真）
株式会社アマナイメージズ（絵画）

写真監修
多摩六都科学館天文チーム　浦 智史 /
雨森勇一 / 柴崎勝利 / 齋藤正晴 / 糸瀬千里

デザイン
公平恵美

校正
森山 明

制作進行
澤村茉莉

発行人

発行元
株式会社 パイ インターナショナル
〒170-0005　東京都豊島区南大塚2-32-4
TEL 03-3944-3981　　FAX 03-5395-4830
sales@pie.co.jp

編集・制作
PIE BOOKS

印刷・製本
株式会社アイワード

プリンティング・ディレクター
浦 有輝（アイワード）

ISBN978-4-7562-4837-4 C0072
Printed in Japan